幼兒全方位智能開發

3-4歲

U0114824

智力篇 專注力訓練

園丁文化

尋找數字（一）

● 請依下方的車牌號碼，在下圖中把各組數字圈起來。

難度 ⭐

0	1	2	3	4
5	7	4	9	8
3	4	6	7	1
2	5	8	1	4
6	5	7	8	3

1 2 3　　4 9 8　　3 4 6

5 8 1　　6 5 7

小提示　選定一組數字後，從第一個數字開始找。

答案：

2

尋找數字（二）

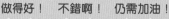

● 請依下方的車牌號碼，在下圖中把各組數字圈起來。

難度 ★★

6	1	4	2	9
5	7	2	9	0
7	4	8	6	1
3	8	5	0	2
9	2	3	7	4

6 5 7   4 9 1   2 8 5

4 7 7   3 7 4

小提示

答案可能是橫的、直的，也可能是斜的，
每一個方向都要試試呀！

3

尋找數字（三）

● 請依下方的車牌號碼，在下圖中把各組數字圈起來。

難度 ★★★

4	7	2	9	8	6
7	6	4	1	3	2
7	3	8	6	5	3
5	9	3	8	4	1
3	1	5	0	9	5
8	2	0	4	7	0

5095	9384	7639

2315	7954

小提示

嘗試把要找的數字記下來，會更容易找到答案。

答案：

尋找數字（四）

● 請依下方的車牌號碼，在下圖中把各組數字圈起來。　難度

1	8	1	0	3	5	3
8	5	3	1	4	3	8
7	4	9	5	6	3	4
6	0	3	7	5	1	7
4	0	6	9	8	6	2
7	3	1	6	7	0	8
3	0	6	5	8	9	1

6473　　4728　　1597

4956　　1035

小提示

數字越來越多了，一組一組慢慢比對，仔細尋找。

5

尋找數字（五）

● 請依下方的車牌號碼，在下圖中把各組數字圈起來。

6	9	5	4	9	9	1
2	1	9	9	2	3	6
7	0	3	3	5	4	2
2	8	4	4	8	3	6
7	5	9	6	0	4	2
9	2	1	3	3	3	7
4	6	5	0	2	9	5

3491　　**7033**　　**7839**

6846　　**1354**

小提示

數字越來越多了，一組一組慢慢比對，
仔細尋找。

答案：

6

尋找物品（一）

請在下圖中圈出 ♥，一共有 5 個。　難度 ★

小朋友，你有每天早晚刷牙嗎？

答案：

7

尋找物品（二）

● 請在下圖中圈出 ，一共有 5 個。　難度 ★★

小朋友，你家裏有什麼玩具？
試說一說。

：案答

8

尋找物品（三）

請在下圖中圈出 ✿，一共有 5 個。 難度 ★★★

你喜歡看什麼故事書？
試説一説。

：案答

尋找物品（四）

● 請在下圖中圈出 ✿，一共有 5 個。 難度 ★★★★

小朋友，你想收到什麼生日禮物呢？試說一説。

答案：

尋找物品（五）

請在下圖中圈出 ⭐，一共有 5 個。　難度 ★★★★

你最喜歡吃什麼菜式呢？
試說一說。

答案：

破解密碼（一）

● 猜一猜下方每組圖畫表達的是什麼意思，請根據密碼表，在空格內填寫對應的英文字母便知道了。　難度 ⭐

1.

2.

3.

答案：1. CAT　2. DOG　3. PIG

破解密碼（二）

● 猜一猜下方每組圖畫表達的是什麼意思，請根據密碼表，在空格內填寫對應的英文字母便知道了。　難度 ★★

密碼表

A	B	E	G	H
I	J	M	N	O
P	R	S	T	U
V	W	X	Y	Z

1.

2.

3.

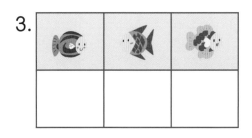

破解密碼（三）

● 猜一猜下方每組圖畫表達的是什麼意思，請根據密碼表，在空格內填寫對應的英文字母便知道了。　難度 ★★★

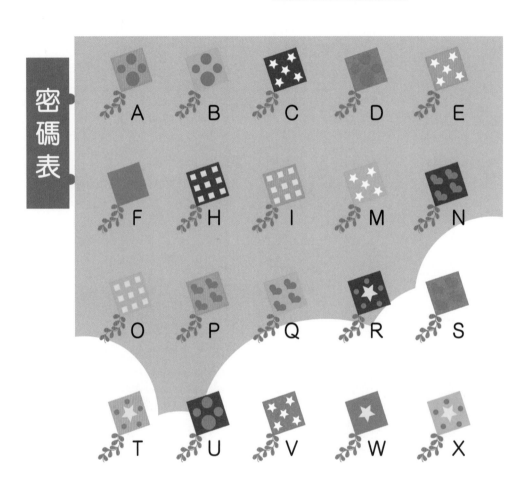

1.

2.

3.

答案：1. HAT　2. RED　3. BIN

破解密碼（四）

● 猜一猜下方每組圖畫表達的是什麼意思，請根據密碼表，在空格內填寫對應的英文字母便知道了。　難度 ★★★★

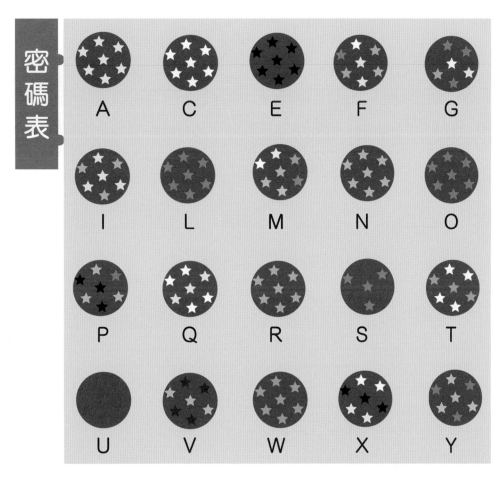

1.

2.

3.

尋找拼圖（一）

● 下面的圖畫缺少了 1 塊拼圖，請找出缺少的拼圖，把代表答案的英文字母圈起來。　難度 ★

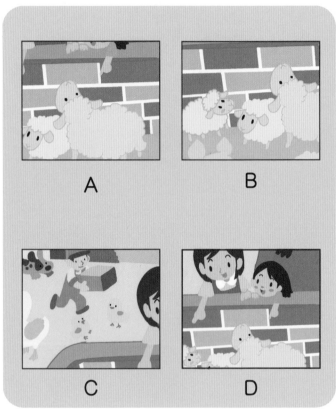

農場裏還有什麼動物呢？
試說一說。

答案：D

尋找拼圖（二）

下面的圖畫缺少了 1 塊拼圖，請找出缺少的拼圖，把代表答案的英文字母圈起來。

難度 ★★

A

B

C

D

公園裏還有什麼設施呢？試說一說。

答案：C

17

尋找拼圖（三）

● 下面的圖畫缺少了 2 塊拼圖，請找出缺少的拼圖，把代表答案的英文字母圈起來。　難度 ★★★

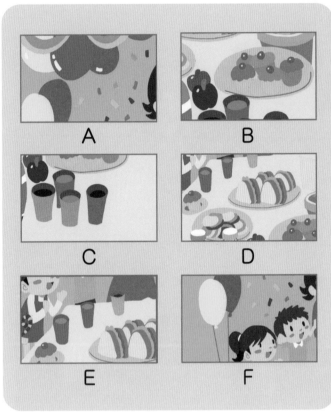

小朋友，圖中有多少個氣球呢？
請數一數。

答案：1F、2C；10 個氣球

尋找拼圖（四）

● 下面的圖畫缺少了 2 塊拼圖，請找出缺少的拼圖，把代表答案的英文字母圈起來。 難度 ★★★★

在夏天，你喜歡進行什麼活動呢？試說一說。

尋找另一半（一）

● 下面左邊的圖與右邊哪一個圖能組成一個完整的蘋果 ？請把代表答案的英文字母寫在相應數字下面的空格裏。　難度 ★

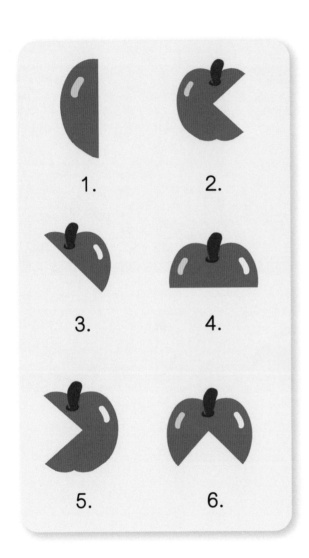

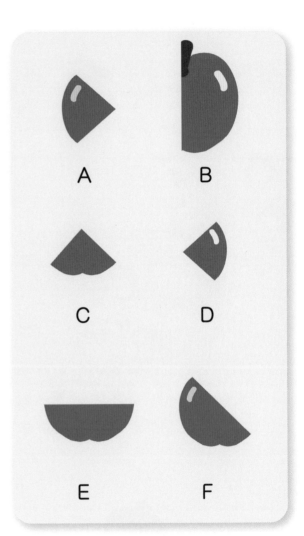

1	2	3	4	5	6

答案：1B 2D 3F 4E 5A 6C

尋找另一半（二）

● 下面左邊的圖與右邊哪一個圖能組成一朵完整的花 ❀ ？請把代表答案的英文字母寫在相應數字下面的空格裏。 難度 ★★

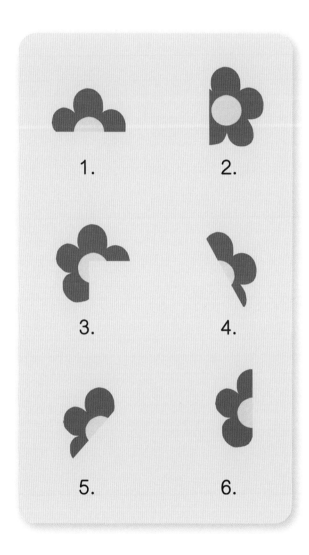

1.   2.

3.   4.

5.   6.

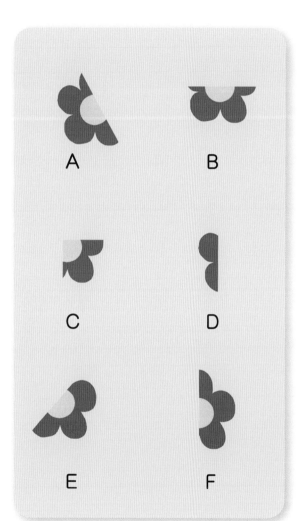

A   B

C   D

E   F

1	2	3	4	5	6

尋找另一半（三）

下面左邊的圖與右邊哪一個圖能組成一個完整的西瓜？請把代表答案的英文字母寫在相應數字下面的空格裏。

難度 ★★★

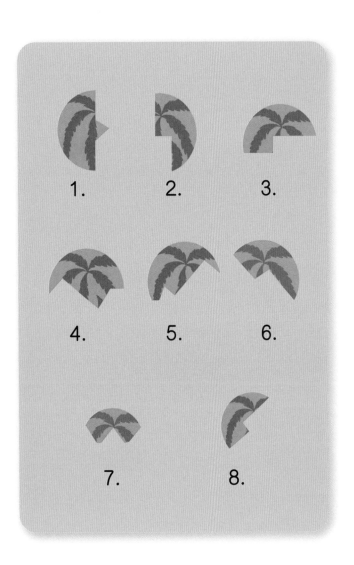

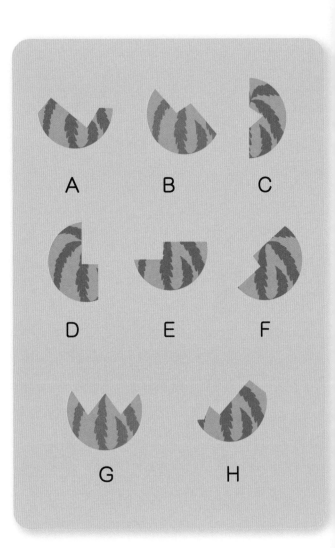

1	2	3	4	5	6	7	8

尋找另一半（四）

● 下面左邊的圖與右邊哪一個圖能組成一片完整的樹葉🍃？請把代表答案的英文字母寫在相應數字下面的空格裏。

難度 ★★★★

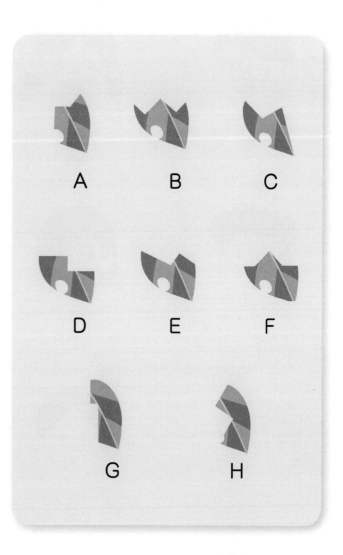

1	2	3	4	5	6	7	8

23

找出相同的物品（一）

請在下圖中圈出 5 個完全相同的臉孔。

 難度 ⭐

A   B   C   D

E   F   G   H

I   J   K   L

M   N   O   P

答案：A、G、L、M、O

24

找出相同的物品（二）

請在下圖中圈出 5 輛完全相同的玩具車。

A

B

C

D

E

F

G

H

I

J

K

L

M

N

O

P

找出相同的物品（三）

請在下圖中圈出 5 件完全相同的 T 恤。  難度 ★★★

A

B

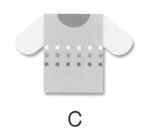

C

D

E

F

G

H

I

J

K

L

M

N

O

P

答案：D、G、I、L、M

找出相同的物品（四）

請在下圖中圈出 5 把完全相同的雨傘。

A

B

C

D

E

F

G

H

I

J

K

L

M

N

O

P

答案：B、I、L、M、O

● 下面的拖鞋都是一對的，只有一隻是單獨的，請把它圈起來。

難度 ⭐

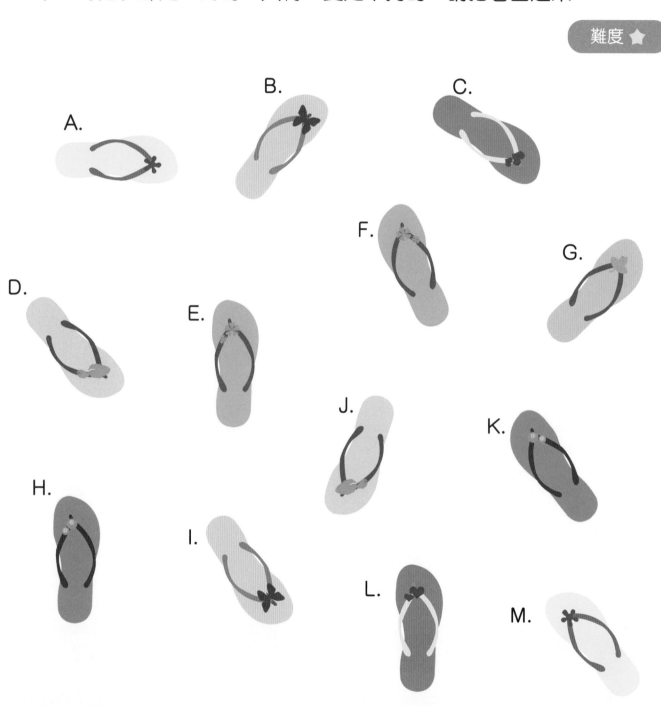

小提示　可先用顏色分類，就會知道哪一隻是單獨的。

找出單獨的物品（二）

● 下面的鞋子都是一對的，只有一隻是單獨的，請把它圈起來。

A.

B.

C.
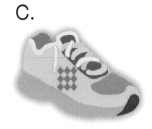

D.

E.

F.

G.

H.

I.

J.

K.

L.

M.

小提示 先用顏色分類，再觀察圖案。

答案：I.

找出單獨的物品（三）

● 下面的手套都是一對的，只有一隻是單獨的，請把它圈起來。

難度 ★★★

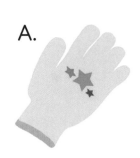

A.

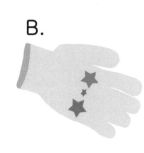

B.

C.

D.

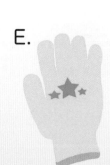

E.

F.

G.

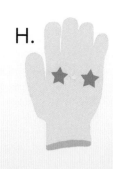

H.

I.

J.

K.

L.

M.

小提示

圖案越來越相像了，可先選其中一個圖，再逐個配對。

答案：I

找出單獨的物品（四）

● 下面的襪子都是一對的，只有一隻是單獨的，請把它圈起來。

難度 ★★★★

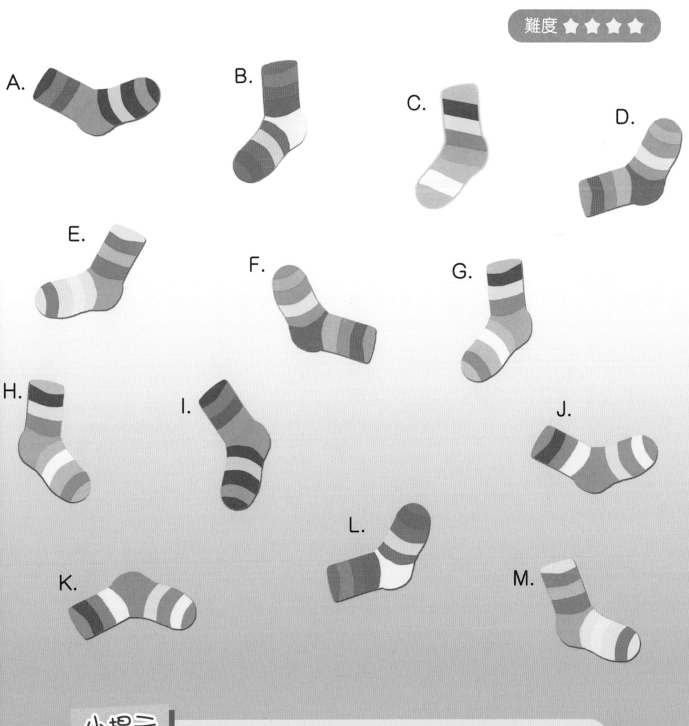

A.　B.　C.　D.

E.　F.　G.

H.　I.　J.

K.　L.　M.

小提示

所有的襪子好像都一樣，請留心條紋的顏色。

答案：C

找出單獨的物品（五）

● 下面的蝴蝶結都是一對的，只有一隻是單獨的，請把它圈起來。

難度 ★★★★

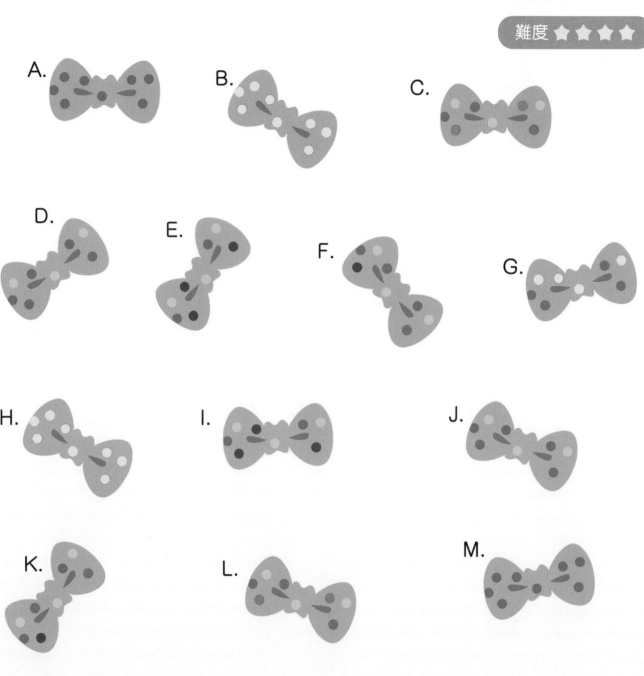

答案：G